EL PRINCIPIO DE LOS

alces BEBÉS

KIM THOMPSON

CREATIVE EDUCATION • CREATIVE PAPERBACKS

CONT

ENIDO

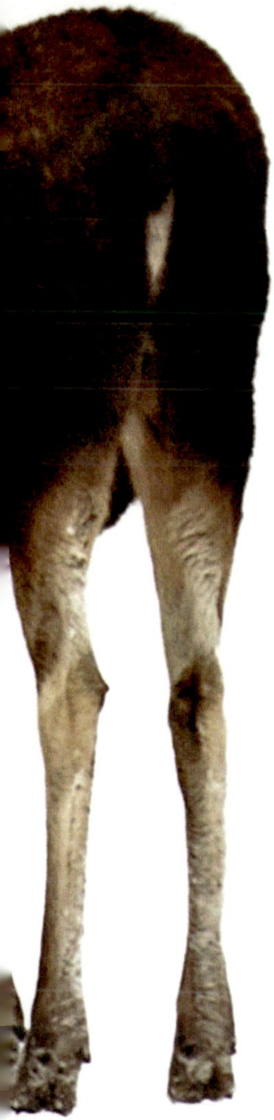

Soy una cría 4

Listo para el invierno 6

Hora de explorar 8

Mis astas 10

Habla y escucha 12

Palabras de alce 14

Índice alfabético 16

SOY UN ALCE.

Soy un alce bebé.

Mis patas largas me ayudan a alcanzar las hojas.

Mi mamá tuvo dos crías al mismo tiempo. Bebemos su leche.

Como y crezco durante toda la primavera y el verano. Seré grande y fuerte cuando llegue el frío.

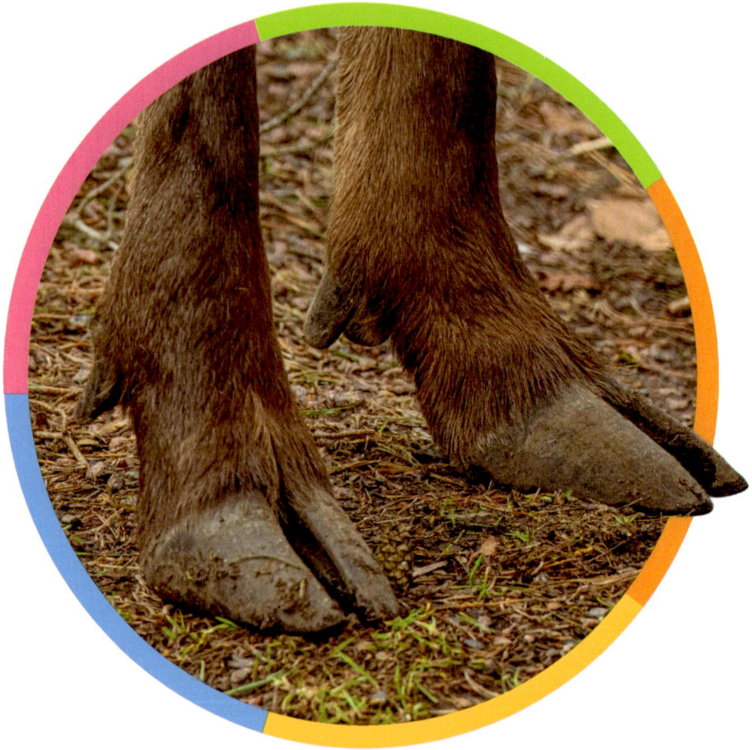

Exploro el bosque. Encuentro ramitas para comer. Mis pezuñas me ayudan a mantenerme de pie en el barro.

¡Corro rápido!

Soy un alce macho, o toro. Tengo un año. ¡Me están empezando a crecer las astas!

Un día, pesaré tanto como cinco refrigeradores.

HABLA Y ESCUCHA

¡UUU

UGH!

¿Puedes hablar como una cría? Los alces bebés emiten gemidos y quejidos.

Escucha estos sonidos:

https://www.youtube.com/watch?v=BlVPlgRARcg

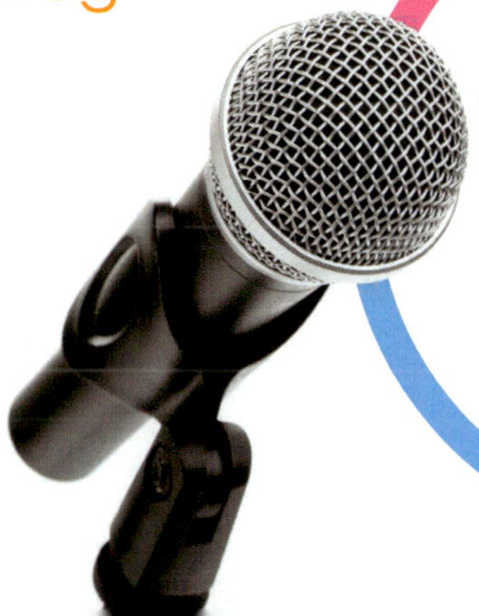

¡Ahora es tu turno!

PALABRAS DE ALCE

astas: partes óseas y ramificadas que están en la cabeza de un alce macho

pezuñas: cubiertas duras, parecidas a uñas, de las patas de los alces

ramitas: ramas pequeñas y delgadas de árboles

toro: un alce macho adulto

ÍNDICE ALFABÉTICO

astas 11

bosque 8

comer 7, 8

correr 9

estaciones 7

mamá 6

patas 5

pezuñas 5, 8

tamaño............. 11

toro................. 11

PUBLICADO POR CREATIVE EDUCATION Y CREATIVE PAPERBACKS
P.O. Box 227, Mankato, Minnesota 56002
Creative Education y Creative Paperbacks son sellos editoriales de The Creative Company
www.thecreativecompany.us

CATALOGING-IN-PUBLICATION DATA ESTÁ DISPONIBLE EN LIBRARY OF CONGRESS
LCCN: 2024053621
Library Binding ISBN: 9798889898566
Paperback ISBN: 9781682778968
eBook ISBN: 9798889899358

DISEÑO Y PRODUCCIÓN
Diseño por Rhea Magaro
Producción de Beeline Media and Design, Inc.
Dirección artística de Tom Morgan

FOTOGRAFÍAS de Alamy Stock Photo/Naturfoto-Online, portada; Dreamstime/Anagram1, 11, Ingemar Magnusson, 7, Jeanninebryan, 4, 6-7; Getty Images/Freder, 10-11, LudiLen, 2-3, Patrick J. Endres, 5; Shutterstock/Bohbeh, 13, Jennkuhn, 12, Jon C. Beverly, 14, RisingTimber, 9, Trygve Finkelsen, 8

Impreso en los Estados Unidos de América